EXTRAIT
DES MÉMOIRES
DE
L'ACADÉMIE ROYALE DES SCIENCES,

Pour l'Année 1783.

Sur l'ufage des Horloges marines, relativement à la Navigation, & fur-tout à la Géographie, où l'on détermine la différence en longitude de quelques points des îles Antilles & des côtes de l'Amérique feptentrionale, avec le Fort-royal de la Martinique, ou avec le Cap-françois de Saint-Domingue, par des Obfervations faites pendant la campagne de M. le Comte d'Eftaing en 1778 & 1779, & celle de M. le Comte de Graffe en 1781 & 1782.

Par M. le Marquis DE CHABERT, Chef-d'efcadre des Armées navales, Commandeur des Ordres royaux & militaires de Saint-Louis & de Saint-Lazare, Infpecteur général des Cartes, Plans & Journaux de la Marine & du Dépôt; de l'Académie Royale des Sciences, Honoraire de celle de Marine, des Académies de Londres, de Berlin, de Stockolm & de Bologne.

A PARIS,
DE L'IMPRIMERIE ROYALE.
M. DCCLXXXV.

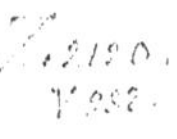

(17)

MÉMOIRE

*Sur l'ufage des Horloges marines, relativement
à la Navigation, & fur-tout à la Géographie,
où l'on détermine la différence en longitude de
quelques points des îles Antilles & des côtes
de l'Amérique feptentrionale, avec le Fort-royal
de la Martinique, ou avec le Cap-françois
de Saint-Domingue, par des Obfervations faites
pendant la campagne de M. le Comte d'Eftaing
en 1778 & 1779, & celle de M. le Comte
de Graffe en 1781 & 1782.*

LES Savans qui ont été chargés d'éprouver des Horloges marines, ont conftaté par la publication de leurs expériences, qu'on parvient à en conftruire qui furpaffent l'exactitude exigée pour la folution du problème de la Longitude, & qu'on eft en état, au moyen de cette découverte, de jouir pour la Navigation, du grand avantage dans la vue duquel le Parlement d'Angleterre avoit promis une fomme confidérable.

Cet avantage confifte, comme on fait, à trouver la Longitude en mer, avec la précifion au moins d'un demi-degré au bout de quarante-deux jours de route, c'eft-à-dire, fans craindre plus de quatre à huit lieues d'erreur, fuivant le paralièle fur lequel on attérit, après une traverfée peut-être de douze à quinze cents lieues, pendant que par l'eftime ordinaire du chemin, l'erreur des Pilotes monte quelquefois jufqu'à cent lieues.

(4)

Quel sujet de tranquillité pour un Capitaine de Vaisseau attérissant pendant l'hiver aux côtes de Bretagne; & combien n'a-t-on pas de raisons d'ailleurs de se féliciter de la découverte des Horloges marines, si l'on envisage les occasions où, en temps de guerre, elles peuvent être essentiellement utiles pour le bien de l'État & le succès des armes du Roi !

Un Officier chargé d'une expédition, pourra en effet, avec le secours de la connoissance certaine de la Longitude, rendre sa route, vers le lieu où il doit agir, plus courte de tout le temps que l'estime des Pilotes lui auroit fait perdre en tâtonnemens, & par-là primer ou surprendre l'Ennemi.

S'il escorte un convoi, cette même assurance de la longitude lui fournira peut-être le moyen d'échapper à l'Ennemi en force & supposé en croisière aux approches du Port où il doit aborder, en suspendant sa route à une certaine distance de la côte, afin d'attendre, pour attérir, une circonstance de vent qui ait dû en faire retirer l'Ennemi.

Enfin, s'il est chargé d'une croisière importante, il se rendra directement au parage ordonné, & s'y arrêtera à la longitude de la distance de terre où il convient qu'il se tienne, & où les horloges lui apprendront qu'il est, sans qu'il soit obligé, pour s'en assurer, d'aller reconnoître la terre, & de courir le risque d'être découvert.

C'est afin d'être en état d'offrir à mes Généraux ce moyen d'assurance pour la direction des routes de leur armée, que j'embarquai des horloges marines sur le vaisseau *le Vaillant* que je commandois en 1778 & 1779, sous les ordres de M. le Comte d'Estaing, & sur le vaisseau *le Saint-Esprit* en 1781 & 1782, sous les ordres de M. le Comte de Grasse. La satisfaction qu'ils ont bien voulu me témoigner de ce que je leur avois signalé ma longitude par observation lorsqu'ils l'avoient desiré, m'a amplement dédommagé de mes soins pendant quatre ans pour la conduite des horloges, pour la connoissance de leur marche à toutes les relâches, & pour le calcul des observations.

Un motif également puiſſant me porta à me charger de la conduite & de l'uſage des horloges pendant ces deux campagnes, c'étoit l'eſpérance que la juſteſſe des attérages qui auroit été généralement reconnue par la publicité de mes ſignaux de longitude, exciteroit le zèle d'un grand nombre d'Officiers très-inſtruits à s'empreſſer à l'avenir de ſe rendre doublement utiles, en rempliſſant cette nouvelle partie de ſervice en même temps que les fonctions de leur grade, d'autant que les obſervations pour la longitude ſe concilient toujours avec le courant du ſervice, comme les plus ſimples opérations du pilotage. *Leur emploi eſt preſqu'auſſi facile que les opérations ordinaires du pilotage.*

Je ſuis même perſuadé que l'utilité reconnue des horloges marines, engagera le Gouvernement à multiplier ce moyen de ſûreté pour la navigation des Vaiſſeaux du Roi, & qu'on parviendra bientôt à y faire participer les Bâtimens de commerce.

C'eſt encore dans la vue d'épargner aux Marins chargés de la conduite & de l'uſage des horloges, la faſtidieuſe écriture continuelle de l'énoncé des articles de calculs, que je les ai fait imprimer dans l'ordre où ils doivent être, & dans autant de tableaux en forme de calculs que l'uſage des horloges marines peut en occaſionner; perſuadé d'ailleurs que des Pilotes qui n'auroient même que les connoiſſances ordinaires, pourroient, à l'aide de ces tableaux, conduire des horloges, obſerver & calculer la longitude, en faiſant les obſervations comme elles y ſont indiquées, & en rempliſſant le blanc de chaque article. *Secours pour ceux qui ſont chargés de ces horloges.*

Je me borne à rapporter quelques circonſtances où les Horloges ont été utiles à nos navigations.

Vers le milieu de la traverſée de M. le Comte d'Eſtaing, de Toulon à la Delaware, mes longitudes obſervées par le moyen des Horloges, ainſi que celles que M. le Chevalier de Borda concluoit des meſures de diſtances de la Lune au Soleil, qu'il prenoit exprès dans le même temps avec ſon cercle à réflexion, & qui s'accordoient avec les miennes à un quart de degré près, firent connoître que les longitudes, *Exemples de leur utilité pour la navigation.*

fuivant l'eftime des Pilotes dans les mêmes temps, étoient fautives de près de fix degrés, dont leur route étoit trop peu avancée; d'où il s'enfuivit que lorfque le Général fe trouva fuffifamment parvenu à l'oueft de la Bermude, il paffa avec fécurité du fud au nord du parallèle de cette île, pendant que ce parti auroit été encore dangereux fuivant l'eftime des Pilotes; & par-là, il abrégea la fin de fa traverfée, déjà fort alongée par la contrariété des vents.

Lorfqu'allant de Bofton à la Martinique, en Novembre 1778, M. le comte d'Eftaing voulut croifer pendant quelques jours au vent de la Defirade, pour tâcher d'intercepter un convoi ennemi; il indiqua le Méridien où il jugeoit à propos de s'arrêter, fur la longitude donnée par les Horloges marines, & qui fe trouva exacte.

M. le Comte de Broves, ramenant de Savanah à Breft ou à l'Orient, à la fin de 1779, quelques Vaiffeaux, du nombre defquels étoit le *Vaillant*, l'attérage qui réfulta de ma longitude par les horloges, fignalée à l'approche de terre, fut reconnu exact trop généralement pour le paffer fous filence.

L'attérage de Breft à la Martinique, avec l'armée de M. le Comte de Graffe, au commencement de Mai 1781, fut indiqué par les horloges à un tiers de degré, après un intervalle de plus de fix femaines.

Celui du cap François, île de Saint-Domingue, au cap Henri, à l'entrée de la baie de Chéfapeak, avec la même armée, à la fin d'Août fuivant, fut très-exact relativement aux meilleures Cartes, ce qui nous prouva que par l'effet du courant du canal de Bahama, où l'armée venoit de paffer, nous avions été portés dans l'eft de 2 degrés $\frac{1}{2}$ plus que fuivant l'eftime.

On peut, avec les horloges marines, mefurer affez exactement la direction & la viteffe des courans.

Je dois rapporter encore, que dans nos navigations des deux campagnes, lorfque nous avons traverfé la partie de mer, où ce courant eft très-fenfible, les horloges marines m'ont fourni le moyen d'en mefurer affez exactement la direction & la vîteffe, en comparant la route & le chemin d'un midi à celui du lendemain, résultant du concert de deux observations de longitude & de deux observations de latitude, avec la route & le chemin du même jour, résultant de l'estime ordinaire du Pilote.

Je fis ces observations à quatre époques différentes ; 1.° en Juillet 1778, en traversant le courant avec M. le Comte d'Estaing, du sud-est au nord-ouest, vers les 35.° & 37.° degré de latitude, & le 73.° & le 77.° degré de longitude, Méridien de Paris : 2.° en le traversant avec le même Général, en Août & Septembre 1779, du sud-est au nord-ouest, vers les 30.° & 31.° degré de latitude, & les 75.° & 78.° degré de longitude : 3.° en Novembre de la même année, en le traversant de l'ouest à l'est, par les mêmes latitudes & longitudes : 4.° enfin en Août 1781, avec M. le Comte de Grasse, en suivant le fil de ce courant depuis le canal même de Bahama jusqu'à l'attérage de la Chésapeak.

Dans la première circonstance, je trouvai qu'entre les parallèles de 34 degrés $\frac{2}{3}$ & 35 degrés $\frac{1}{2}$, par la longitude de 73 à 74 degrés $\frac{1}{2}$, le courant commençoit à devenir sensible, & qu'il faisoit environ un tiers de mille par heure, dans la direction de l'ouest à l'est ; qu'entre les parallèles de 35 degrés $\frac{1}{2}$ à 37 degrés $\frac{1}{2}$, par la longitude de 74 degrés $\frac{1}{2}$ à 76 degrés $\frac{3}{4}$, la vîtesse étoit d'un mille par heure dans la direction nord-est ; enfin qu'entre ce dernier terme & la côte de Virginie, il y a un retour de courant qui se fait parallèlement à la côte.

Dans la seconde circonstance, j'observai d'abord un contre-courant opposé en direction à celle du courant de Bahama, par la latitude de 29 degrés $\frac{1}{2}$ & la longitude de 78 degrés $\frac{1}{2}$; ensuite j'entrai dans le vrai courant, dont je trouvai sur le même parallèle, & par la longitude de 80 degrés $\frac{1}{2}$ à 82 degrés, la direction nord-est, & la vîtesse seulement de demi-mille par heure ; & entre les parallèles de 29 degrés $\frac{1}{2}$ & 31 degrés $\frac{1}{2}$, par la longitude de 82 degrés à 82 degrés $\frac{3}{4}$, je déterminai la direction nord quelques degrés Est, & la vîtesse un mille dans une heure : enfin, à mesure

A iv

que je m'approchai de la côte, je remarquai encore le contre-courant au fud, qui eft fur-tout fort fenfible au mouillage devant Savanah & tout le long de la côte de Géorgie.

A la troifième époque, en Novembre 1779, je déterminai que, fur le parallèle de 3 1 degrés $\frac{1}{4}$ & par la longitude de 8 3 degrés à 8 0 degrés $\frac{1}{2}$, la direction étoit eft-nord-eft, & la vîteffe un peu moins d'un mille par heure ; que par la même latitude & par la longitude de 8 1 degrés $\frac{1}{2}$ à 7 9 degrés $\frac{1}{4}$, la direction étoit de l'oueft à l'eft quelques degrés nord , & la vîteffe un mille à l'heure. Je trouvai enfuite que la limite auftrale de ce courant étoit par la latitude de 3 0 degrés $\frac{1}{2}$, & la longitude de 7 9 degrés $\frac{1}{2}$, & j'y obfervai le même contre-courant que j'avois déjà remarqué en Août de la même année; il faifoit environ un mille à l'heure à l'oueft-nord-oueft , ce qui fut confirmé par les obfervations que je fis plufieurs jours de fuite fur le même parallèle, & jufqu'au 78.e degré $\frac{1}{2}$ de longitude.

Dans la quatrième & dernière circonftance, en Août 1781, je déterminai par des obfervations répétées tous les jours, que depuis l'entrée fud du canal de Bahama jufqu'à la latitude de 3 0 degrés, la vîteffe du courant étoit d'un peu plus de trois milles, & jufqu'à trois milles & demi par heure, & qu'à la fortie du Canal, la direction commençoit à s'incliner légè-rement du nord vers l'eft. Depuis la latitude de 3 0 degrés jufqu'à celle de 3 5 , & entre les longitudes de 8 2 degrés $\frac{1}{2}$ & 7 6 degrés, la direction du courant fut trouvée nord-eft, c'eft-à-dire , parallèle aux côtes de la Caroline, la vîteffe depuis trois milles jufqu'à deux milles en une heure ; enfin par le 3 6.e degré de latitude, & le 7 6.e de longitude, je trouvai l'effet du courant à-peu-près nul ; ainfi l'on peut y fixer la limite oueft. De-là jufqu'au cap Henri, j'obfervai de nouveau le contre-courant, qui faifoit demi-mille à l'heure.

M. Franklin a fait tracer, il y a quelques années, fur une petite Carte *(a)*, la direction & la vîteffe fucceffives du

---

(a) Cette Carte fe trouve chez le Rouge.

courant du canal de Bahama, à mesure qu'il s'avance dans l'Océan atlantique, d'après les remarques qu'il avoit recueillies des Navigateurs américains. J'y ai vu, avec une grande satisfaction, l'opinion de ce célèbre Physicien, confirmer l'idée que j'avois eue plus de vingt ans auparavant *(b)*, que ce courant devoit s'incliner vers le sud-est, lorsqu'il rencontroit celui qui sort du golfe de Saint-Laurent; à cela près que j'imaginois alors, comme je le crois encore, que la force des eaux du fleuve de Saint-Laurent, n'anéantit pas tout-à-coup la direction du courant du canal de Bahama, & que ces eaux ne font que commencer l'inflexion, laquelle, quoique toujours augmentée par la descente des eaux des grandes Baies du nord, n'empêche pas que le courant de Bahama ne continue de s'étendre dans le nord-est jusque vers les Açores, ainsi que je l'éprouvois en 1750, mais en s'élargissant à mesure qu'il s'affoiblit; de sorte que par cette composition de mouvement & de direction, il embrasse un plus grand espace de Mer, en se recourbant toujours jusqu'aux côtes d'Afrique, où il vient remplacer les eaux que le vent alizé transporte continuellement vers l'ouest. Quant à la vîtesse de ce courant, les résultats de mes observations montrent seulement que je ne l'ai pas trouvée aussi grande qu'elle est marquée sur la Carte de M. Franklin.

On se propose de publier au Dépôt de la Marine, une Carte de la partie de l'Océan, comprise entre les Antilles, les côtes des États-Unis & celles du sud de Terre-Neuve, où mes observations sur la vîtesse & la direction du courant du canal de Bahama, seront rapportées.

Dans chacune de ces campagnes, j'avois embarqué deux Horloges, ainsi qu'il est presque indispensable; savoir, en 1778, celles désignées par *N.° 17* à poids, & *N.° 3* à ressort; & en 1781, par *N.° 22* à poids, & *N.° 2* à ressort, toutes inventées & construites par M. Ferdinand Berthoud.

Opinion sur l'inclinaison de ce courant à la rencontre des eaux du fleuve Saint-Laurent & autres, confirmée par M. Franklin.

(b) Voyage de l'Amérique septentrionale en 1750 & 1751, *pages 17, 21 & 23.*

A v

Les deux horloges à poids n'ont pas conservé la régularité de leur mouvement, & ont fini par cesser entièrement de me servir, la première à l'époque du combat devant la Grenade, & la seconde à celle du combat devant la baie de Chésapeak ; les bragues des canons de 24 de la seconde batterie s'étant rompues pendant l'action, les affûts, dans leur recul, heurtèrent contre les armoires qui renfermoient les horloges, & ont dû, par la violence d'un tel choc, en déranger le mécanisme.

On auroit pu prévenir cet accident, en les descendant à la cale, comme celles à ressort, à l'approche des combats, mais on ne peut déplacer ainsi les horloges à poids, sans courir le risque de les arrêter.

Cet inconvénient me fait penser qu'il conviendroit de n'en construire qu'à ressort , & du moindre volume possible, sans nuire à leur exactitude, d'autant que le transport des premières par terre est très-embarrassant par leur grandeur , & que par leur construction elles sont exposées à être totalement détruites, si, par la négligence des Rouliers auxquels on est forcé de les abandonner, elles sont renversées, ainsi quil arriva malheureusement à l'excellente horloge, n.° 8, qui m'étoit envoyée avec n.° 3, comme les plus parfaites, conféquemment aux ordres de M. le Maréchal de Castries, & au vif intérêt que ce Ministre prit à l'usage que je lui témoignois desirer d'en faire pendant la campagne de 1781.

Je crois encore que pour établir la confiance qu'on peut accorder aux horloges destinées à être embarquées, il faudroit indispensablement que l'Officier qui doit en faire usage, en observât la marche dans le Port pendant deux mois avant le départ, afin de s'assurer de l'égalité de leur mouvement à diverses époques dans cet intervalle, & d'être en état de reconnoître, soit par l'épreuve du Port du premier départ, ou soit par cette épreuve, & par les nouvelles vérifications qu'on tâche de faire à chaque relâche, si l'une des horloges n'a pas la régularité requise, & dans ce cas l'abandonner.

C'est en éprouvant ainsi mes horloges, que j'ai pris le

parti de ne me fervir que de *n.*° *3* dans la première campagne, & de *n.*° *2* dans la feconde.

La marche de l'une & de l'autre s'eft affez confervée telle que je l'avois d'abord éprouvée au Port du départ; j'ai remarqué feulement dans *n.*° *3,* un changement de marche fenfible lors du combat de la Grenade, mais elle fe conferva enfuite affez bien dans fon nouvel état.

Uniformité du mouvement des deux horloges à reffort, affez bien foutenue.

J'ai été encore plus content de la feconde, puifqu'elle m'a toujours donné la longitude à un quart ou un tiers de degré près dans mes plus longues traverfées; je fuis cependant obligé d'excepter celle de mon retour de Saint-Domingue en France; mais la quantité d'environ deux degrés & demi, trouvée à l'arrivée à Groix, en arrière du Vaiffeau, eft trop extraordinaire pour être une erreur réelle, & pour que je ne l'attribue pas à quelque inadvertance qu'on m'aura cachée, & qui aura produit une interruption de mouvement d'environ 9 minutes $\frac{1}{4}$, bien plutôt qu'à un dérangement de marche qui n'eft ni probable ni croyable, après une régularité fi conftante pendant quinze mois, & fans la moindre caufe vifible qui ait pu occafionner un tel dérangement.

Réferve avec laquelle on doit faire ufage des horloges marines, pour les déterminations géographiques.

On voit, par ce que je viens de dire de l'exactitude des deux horloges dont je me fuis fucceffivement fervi, qu'il eft tout fimple que je leur aie accordé ma confiance dans les circonftances que j'ai citées relativement à la navigation; & l'on conviendra que j'ai été encore plus fondé à les employer avec tout fuccès pour la Géographie, à raifon du peu de temps qu'il y a toujours eu dans mon trajet de l'un à l'autre des lieux dont j'ai déterminé la différence des méridiens, & de l'exclufion que j'ai donnée à toute détermination dépendante d'un nombre de jours d'intervalle qui n'auroit plus permis de compter fur la grande précifion que procurent toujours les horloges marines employées à cet ufage avec ces précautions.

La découverte des horloges marines eft au moins auffi utile pour la

Les horloges marines font en effet fi avantageufes pour la perfection de la Géographie dans fes détails, que je ne crains pas de dire qu'on a plus trouvé par la découverte de cette

Géographie que pour la Navigation.

forte d'inftrument, que l'on n'avoit ofé demander en propofant le problème de la longitude ; je puis même ajouter que ce problème ne pouvoit être d'une utilité réelle, qu'autant qu'on auroit trouvé auparavant un moyen exact & prompt de porter les Cartes marines au même degré de perfection que celle que l'on demandoit pour la connoiffance

Néceffité de perfectionner les Cartes.

de la longitude en mer ; car, à quoi ferviroit pour la fécurité du Navigateur, de connoître la pofition de fon Vaiffeau fur le globe à un demi-degré près, fi les Cartes fur lefquelles il eft obligé de rapporter cette pofition, ne pouvoient de long-temps, par les méthodes ordinaires aftronomiques & nautiques, devenir des tableaux qui lui repréfentaffent avec autant d'exactitude, les terres dont il a en vue de s'approcher, & les dangers qu'il a intérêt d'éviter ?

C'eft ce befoin preffant d'avancer promptement la Géographie, qui m'infpira, dès ma jeuneffe, le projet de faire des obfervations Aftronomiques dans tous les lieux où je pourrois aborder, & qui me donna l'efpérance d'être fuivi dans cette carrière par d'autres Officiers de Marine qui, comme moi, fentiroient qu'ils étoient infiniment plus à portée que les Aftronomes par état, de porter ce flambeau fur toutes les côtes du Globe.

Cependant les phénomènes Aftronomiques, par leur rareté & les difficultés qu'ils entraînent, rendoient le moyen trop lent, même encore lorfqu'on put les multiplier beaucoup par la méthode que la néceffité me fit imaginer en 1764 *(c)*, d'obferver facilement dans les voyages l'afcenfion droite de la Lune, en donnant le moyen d'établir promptement l'inftrument des paffages dans la direction du méridien.

Raifons qui me firent différer mon travail fur l'archipel de la

D'après cela on pouvoit dire, comme je l'avançai en 1766 *(d)*, que nous ferions toujours forcés de nous contenter d'un très-petit nombre de déterminations jufqu'au temps où l'exécution des horloges marines nous fourniroit des

---

(c) Mémoires de l'Académie, 1766, *page 384.*
(d) Idem, *page 385.*

moyens prompts & sûrs de multiplier les observations de longitude à terre ainsi qu'à la mer. Aussi avois - je réservé pour la fin de mon entreprise sur la Méditerranée, le travail à faire dans l'Archipel, où tous les moyens astronomiques & géodésiques ne pouvoient suffire, ni même se pratiquer, & où les horloges marines devoient remplir mon objet avec plus d'exactitude & de célérité dans l'exécution, avantage qu'elles auront toutes les fois qu'on aura à déterminer les positions respectives d'une grande quantité de lieux peu distans les uns des autres.

C'est encore ce qui me fit concevoir l'espérance, en embarquant dans mes deux dernières campagnes, des horloges marines pour la Navigation, de rencontrer au milieu des opérations de guerre, des occasions de les employer aussi utilement pour la Géographie, soit en donnant quelque suite à mes premiers travaux sur les côtes de l'Amérique septentrionale, soit en ajoutant quelques déterminations à celles des Antilles & des débouquemens de Saint - Domingue, dont nous avions déjà l'obligation à M.ʳˢ de Fleurieu, de Verdun, de Borda & Pingré.

La première longitude que l'horloge marine, n.° 3, me donna le moyen de déterminer en 1778, à notre arrivée avec M. le Comte d'Estaing aux côtes de l'Amérique septentrionale, fut celle du cap Hinlopen, à l'entrée de la Delaware, le 7 Juillet, de 77ᵈ 33′. On sera sans doute étonné de m'entendre rapporter cette longitude, dans l'idée que c'est sur la foi d'une horloge marine, sachant que je n'avois pu vérifier sa marche depuis le 9 Avril à Toulon, & que la confiance dans cet instrument seroit trop hasardée, après quatre-vingt-neuf jours, pour une détermination géographique absolue ; mais l'éclipse de Soleil du 24 Juin, que j'avois exactement observée à la mer, comparée aux correspondantes en Europe, a fait du Vaisseau un point fixe bien déterminé, d'où j'ai pu partir pour y rapporter mon observation de longitude, faite treize jours après devant le cap Hinlopen.

Le premier contact intérieur de Vénus, observé le 3 Juin

Méditerranée, jusqu'à l'exécution des horloges marines.

Exemples de leur application à la Géographie. Longitude du cap Hinlopen, à l'entrée de la Delaware.

1769 à Philadelphie, par M.ʳˢ Ewing & Prior *(e)*, donne la longitude de cette ville, à l'occident de Paris, de 77ᵈ 36' *(f)*.

On a trouvé, par des mesures géodésiques & des directions, que la Tour-à-feu du cap Hinlopen est à l'est de Philadelphie, de 3' 30".

Donc longitude du cap Hinlopen, 77ᵈ 32' 30", ce qui ne diffère que d'une demi-minute de celle que j'ai déterminée par les horloges marines.

On trouveroit une plus grande différence si l'on adoptoit la longitude de Philadelphie, telle que M. Ewing l'établit d'après quelques éclipses de satellites de Jupiter, observées en 1767, 1768 & 1769, par lui-même, & par M.ʳˢ Prior, Thompson, Pearson, &c. car en comparant ces Éclipses aux calculs du Nautical-almanach, corrigés par quelques observations de Gréenwich, M. Ewing conclut que Philadelphie est à l'ouest de Gréenwich, de 75ᵈ 8' 45" *(g)*. C'est par rapport à Paris, 77ᵈ 27' 45"; & comme le cap Hinlopen est moins occidental de 3' 30", la longitude du cap Hinlopen seroit, selon cette combinaison, de 77ᵈ 24' 15", ce qui différeroit de ma détermination de 8' 45".

Mais il me semble que la longitude de Philadelphie, fondée sur le passage de Vénus, doit être préférée à celle conclue par les éclipses de Satellites, qui n'ont pas eu de correspondantes directes à Gréenwich ou ailleurs.

Latitude de la tour-à-feu de la Delaware. La latitude de la Tour-à-feu de l'entrée de la Delaware, d'après ma hauteur méridienne du Soleil, observée à bord au mouillage, fut de 38ᵈ 45' ½.

Différence en longitude entre la tour de la Delaware & celle de Sandy-Hook. Ayant passé de la baie de la Delaware à la rade en dehors de Sandy-Hook près New-York, j'eus occasion d'y vérifier la marche de l'horloge, & par-là d'établir avec précision la différence en longitude de la Tour-à-feu de Sandy-Hook.

(e) Les observations de M.ʳˢ Ewing, Prior, &c. se trouvent dans le premier tome des Transactions américaines de Philadelphie.

(f) D'après les calculs de M. Pingré, Mémoires de l'Académie, 1772, première partie, *page 409*.

(g) Transact. américaines, t. I.ᵉʳ

(15)

avec le cap Hinlopen &. la Tour-à-feu de la Delaware, de
59 minutes $\frac{3}{4}$. Il réfulte par conféquent de cette différence
que la longitude abfolue de Sandy-Hook eft de 76ᵈ 33′.

Mais on trouve par les plans, que New-York eft moins
occidental que la Tour de Sandy-Hook, de 1′ 30″.

Donc la longitude de la ville de New-York, fera de
76ᵈ 3 1′ 30″.

On avoit déjà, pour déterminer la longitude de New-
York, trois émerfions & une immerfion du premier fatellite
de Jupiter, obfervées par M. Burnet. M. Bradley en avoit
conclu, en comparant deux de ces émerfions aux Tables
corrigées par des obfervations faites par lui vers le même
temps, que New-York étoit à l'oueft de Londres, de 74ᵈ
4′ (h), c'eft-à-dire, du méridien de Paris, 76ᵈ 29′ $\frac{1}{2}$.

Mais en comparant les quatre obfervations de M. Burnet,
aux Tables de M. Wargentin, corrigées par les obfervations
les plus voifines, faites en Europe, on trouve la longitude
de New-York à l'oueft de Paris, de 76ᵈ 3 1′, ce qui ne
diffère que d'une demi-minute de celle que je lui affigne par
les horloges marines.

La latitude de la Tour-à-feu de Sandy-Hook conclue de
trois hauteurs méridiennes exactes, eft de 40ᵈ 2 5′.

La latitude de Bofton aux ruines de la Tour-à-feu qui eft
fur un îlet de la droite, à l'entrée de la rade de Nantasket,
de 42ᵈ 20′ 6″, & celle du Fanal d'alarme, fur le plus haut
terrein de la Ville, de 42ᵈ 22′ 11″, réfultent des obfervations que je fis avec mon quart-de-cercle aftronomique,
de plus de 2 pieds de rayon, en Octobre 1778, fur l'île
Pettick pendant notre féjour dans cette rade, & que je
rapportai à ces deux points par des opérations géodéfiques;
les Anglois donnoient la latitude de la ville de Bofton, de
42ᵈ 25′.

(h) Tranfactions philofophiques, N.° 394, page 85.

Pendant la traverſée de l'armée de M. le Comte d'Eſtaing, du Cap-François de Saint-Domingue à la côte de Georgie, devant Savanah , après avoir débouqué par le canal de Krooked, j'obſervai le 2 3 Août 1779, la latitude du Vaiſſeau, lorſqu'il étoit en vue de Wattelin, petite île voiſine de ce débouquement du côté du nord-oueſt, mais à environ ſix lieues plus nord que l'île, ſuivant l'eſtime de la diſtance, par conſéquent dans une poſition trop déſavantageuſe pour eſpérer d'en conclure une latitude exacte de cette île; je la déduiſis néanmoins de 24^d 7' $\frac{3}{4}$ pour le plus haut de l'île : on ne ſe diſſimule pas, en effet, que cette latitude peut-être affectée de toute l'erreur qu'il eſt difficile d'éviter dans l'eſtime d'une ſi grande diſtance; mais la différence conſidérable de cette latitude avec celle de la Carte de Mrs de Verdun, de Borda & Pingré , m'engage à la produire, d'autant que ces Meſſieurs n'avoient aucune obſervation pour la déterminer *(i)*.

L'armée étant arrivée devant la Tour-à-feu de l'île Tibée, à l'entrée de la rivière de Savanah , je déterminai par les obſervations des 9 & 10 Septembre, la différence en longitude entre le Cap-François, île de Saint-Domingue, & cette Tour, & je la trouvai à l'oueſt, de 8^d 3 8'.

La latitude de la même Tour , par trois hauteurs

(i) Depuis la lecture de ce Mémoire , & avant ſon impreſſion , M. le Comte de Lage de Volude, Enſeigne de Vaiſſeau, m'a comuniqué une obſervation de latitude, qu'il eut occaſion de faire le 13 Juillet 1784, devant la pointe ſud-eſt de l'île de Watelin, n'en étant qu'à une lieue de diſtance, & preſque eſt & oueſt; il fixa la latitude de cette Pointe à 23^d 54' $\frac{2}{3}$, ce qui, d'après ſon eſtime, donneroit pour le plus haut de Watelin, 24^d 0' $\frac{1}{4}$, ou 7' de moins que par mon obſervation, faite à une grande diſtance; à la vérité l'on remarque qu'au jour de l'obſervation de M. de Lage , le Soleil étoit élevé de 87^d $\frac{1}{2}$, & l'on ſait combien une telle hauteur méridienne eſt difficile à bien obſerver; cependant , comme ma latitude , rapportée à la pointe ſud-eſt, que détermina M. de Lage, ſurpaſſe celle de la Carte des débouquemens de Saint-Domingue, de Mrs de Verdun, de Borda & Pingré, de 12' $\frac{1}{3}$, & que celle de M. de Lage eſt auſſi plus grande de 6' $\frac{1}{3}$, il paroît certain qu'il faut augmenter ſur cette Carte la latitude de la pointe ſud-eſt de Watelin, au moins, de cette dernière quantité, ainſi que l'étendue de l'Iſle, ſur-tout du nord au ſud.

méridiennes du Soleil, obſervées à bord, & exactes, eſt de 32^{d} $0'$ $\frac{3}{4}$.

En Juin 1781, ayant été chargé par M. le Comte de Graſſe, de croiſer au vent de Tabago, avec une diviſion dont il m'avoit confié le commandement, afin de l'avertir de l'arrivée de l'armée ennemie, pendant qu'il étoit mouillé avec la ſienne ſous l'île qui venoit d'être conquiſe, j'eus le bonheur de remplir ma commiſſion avec ſuccès; mais je ne trouvai plus d'occaſion de déterminer la longitude de cette île que le 10 Juin, lorſque la pointe de Sable qui en eſt l'extrémité ſud-oueſt, me reſtoit au ſud-eſt & à environ 7 lieues $\frac{2}{3}$ de diſtance; je conclus de mon obſervation que cette pointe eſt $20'$ à l'eſt du Fort-royal de la Martinique: mais cette poſition eſt bien déſavantageuſe, relativement à une pointe auſſi baſſe, dont la véritable extrémité m'étoit dérobée par la grande diſtance.

Longitude de l'extrémité ſud-oueſt de Tabago.

Le 11 Juin, la pointe nord-eſt de la Grenade me reſtant au nord-nord-oueſt, je fis une obſervation pour en déterminer la longitude, & je trouvai qu'elle étoit de 35 minutes à l'oueſt de Fort-royal de la Martinique.

Longitude de l'extrémité nord-eſt de la Grenade.

L'Armée ayant enſuite mouillé à la rade du Fort-royal de la Grenade, je trouvai par mes obſervations du 13 & du 14 Juin, que ce Fort eſt à l'oueſt de celui de la Martinique, de 42 minutes $\frac{1}{4}$, & que la pointe des Salines à l'extrémité ſud-oueſt de l'Iſle eſt à l'oueſt du Fort-royal de la Martinique de $45'\frac{3}{4}$.

Longitude du Fort royal de la Grenade, & de l'extrémité ſud-oueſt de cette Iſle.

En partant du Cap-François de Saint-Domingue au commencement d'Août, pour la grande expédition de Virginie, je déterminai, le 6 de ce mois, en paſſant devant la Tortue, la différence en longitude de l'extrémité Eſt de cette petite Iſle avec le Cap, & je trouvai qu'elle en eſt à 25 minutes $\frac{1}{4}$ du côté de l'oueſt : l'obſervation fut faite lorſque le Vaiſſeau étoit preſque nord & ſud de l'objet déterminé, par conſéquent dans la direction la plus avantageuſe. Cette détermination, ajoutée à celle ſemblable que Mrs de Verdun, de Borda & Pingré avoient déjà donnée, de 0^{d} $44'$, pour l'extrémité oueſt,

Longitude de la Tortue, au nord de Saint-Domingue.

(18)

fait trouver dans la différence des deux réfultats, la longueur de l'Ifle de 17 milles $\frac{1}{2}$, & elle me parut être telle.

M. le Comte de Graffe, déterminé par un motif très-important, ne fortit pas par les débouquemens ordinaires de Saint-Domingue, il paffa par le vieux canal, le long de la côte du nord de l'île de Cube, paffage très-étroit & difficile par beaucoup de haut-fonds dont on eft obligé de paffer fort près, & qui ne font indiqués que par de petites Ifles fi baffes, qu'on n'en a connoiffance que par leurs arbres, qui femblent prefque fortir de la mer ; & comme la terre de l'île de Cube dans cette partie eft également baffe, on ne la voit pas davantage.

Les Cartes françoifes & angloifes varient fur les noms & fur les gifemens de ces petites îles ; j'ai pris pour la Caye Romaine la feule qui foit bien vifible & reconnoiffable ; on l'aperçoit très-diftinctement de deux à trois lieues de diftance, fon étendue eft d'enviroǹ une lieue de long dans la direction fud-eft & nord-oueft ; & comme elle précède & annonce le plus étroit du vieux Canal, où tous les Géographes s'accordent à placer une autre petite île qu'ils nomment *Caye-confite*, à environ cinq lieues du nord-oueft au nord-nord-oueft de la Caye romaine, la détermination de la latitude & de la longitude de celle-ci, qui eft la feule vifible, devenoit très-effentielle pour la fûreté du paffage.

J'obfervai la latitude de fon extrémité fud-eft, de 2 2^d 1′ $\frac{1}{2}$, par deux bonnes hauteurs méridiennes du Soleil, des 13 & 14 Août ; & la différence en longitude de la même pointe avec le Cap-François de Saint-Domingue, de 5^d 2 1′ $\frac{3}{4}$ dont elle eft à l'oueft. L'obfervation fut faite le 14 au foir, lorfque le Vaiffeau étoit exactement dans le méridien de la pointe, & à moins d'une lieue de diftance.

La route du paffage par le vieux canal au nord de la côte de l'île de Cube, fut terminée le 17 devant le port de Matance. C'eft de la vue de ce Port, ou pour mieux dire de la montagne ifolée qui en eft affez près vers le fud, que prennent leur point de départ les Vaiffeaux qui veulent

débouquer

débouquer par le canal de Bahama ; quelques-uns le prennent cependant de la pointe d'Icaque, qui eſt à neuf ou dix lieues plus à l'eſt.

Je déterminai la longitude de la pointe oueſt de l'entrée du Port de Matance, que je diſtinguois très-bien, n'en étant qu'à une lieue deux tiers vers le nord-nord-eſt, & je trouvai que cette pointe eſt à l'oueſt du Cap-François, de 9^d $18'$ $\frac{1}{4}$, & qu'elle eſt à l'oueſt de la pointe ſud - eſt de la petite île Caye Romaine, de 3^d $56'$ $\frac{1}{2}$. *Longitude du port de Matance, au nord de l'île de Cube.*

Le lendemain me trouvant encore devant ce port, mais trop au large pour diſtinguer les pointes de l'entrée, je fis une nouvelle obſervation de longitude, que je rapportai au Pain-de-Matance, dont je jugeai que j'étois à environ ſix lieues au nord - eſt quart de nord ; & je trouvai que la différence en longitude de cette montagne avec le Cap-François, eſt de 9^d $18'$ $\frac{1}{2}$ à l'oueſt. *Longitude du pain de Matance.*

La longitude de Matance qui varie beaucoup dans les diverſes Cartes, ſans doute par l'incertitude des moyens employés pour l'établir, diffère conſidérablement de ma détermination ; je ſuis cependant raſſuré ſur ſon exactitude, par l'accord des réſultats de mes deux obſervations, d'autant qu'à mon arrivée à la baie de Chéſapeak, la marche de l'horloge marine fut vérifiée & retrouvée la même qu'elle étoit au Cap-François.

C'eſt encore ſur cette conformité que, malgré la loi que je m'étois faite d'exclure toute détermination qui dépendroit d'un long intervalle de temps depuis la vérification des hor-loges, je haſarde, quoiqu'après trente-quatre jours écoulés, de donner la différence en longitude du cap Henri à l'entrée de la baie de Chéſapeak avec le Cap-François, de 4^d $13'$ $\frac{1}{2}$ à l'oueſt, par une obſervation faite le 5 Septembre au matin, pendant que l'on voyoit l'armée ennemie qui venoit pour nous attaquer, & que nous combattîmes dans la journée. *Longitude du cap Henri, à l'entrée de la baie de Chéſapéak.*

La latitude du cap Henri que j'ai établie ſur pluſieurs hauteurs méridiennes du Soleil, obſervées à bord, eſt de 36^d $57'$. *Sa latitude.*

Longitude
de la ville de
Baſſe-terre
à Saint-
Chriſtophe.

L'expédition de Saint-Chriſtophe me fournit l'occaſion de déterminer la différence en longitude de la ville de Baſſe-terre, avec le Fort-royal de la Martinique ; je la trouvai de 1^d $43'$ $\frac{1}{2}$ à l'oueſt , par deux obſervations des 13 & 17 Janvier 1782 , faites ſur le Vaiſſeau mouillé à demi-lieue au ſud de cette ville.

Sa latitude.

J'en établis auſſi la latitude de 17^d $19'$ $\frac{1}{2}$, ſur neuf hauteurs méridiennes du Soleil, également obſervées à bord.

Longitude
de la ville
des Rozeaux ,
à la
Dominique.

L'armée revenant de Saint-Chriſtophe à la Martinique , je me trouvai le 25 Février à peu-près au ſud-quart-ſud-oueſt & à la diſtance de deux lieues un tiers du milieu de la ville des Rozeaux à la Dominique ; je déterminai ſa différence en longitude avec la ville de Baſſe-terre de Saint-Chriſtophe , de 1^d $17'$ à l'eſt.

A la fin de Mai 1782 , j'eus le commandement d'une Eſcadre , avec laquelle je fus chargé d'eſcorter un grand convoi du Cap-François de Saint-Domingue à l'Orient , & débouquant le 3 Juin par les îles Turques, j'eus l'occaſion favorable d'obſerver la différence en longitude de la plus méridionale de ces îles , nommée *Sand-Key* , ou *Caye-de-ſable* , avec le Cap-François ; mais comme l'on pourroit craindre que cette dernière détermination ne fût affectée de l'erreur énorme en longitude trouvée à l'attérage de l'île de Groix , en la ſuppoſant progreſſive durant toute la traverſée, au lieu d'être inſtantanée , comme j'ai dit que je me croyois fondé de le préſumer , je m'abſtiens de la publier juſqu'à ce qu'elle ait été vérifiée.

F I N.

www.ingramcontent.com/pod-product-compliance
Lightning Source LLC
LaVergne TN
LVHW021800030726
842523LV00003B/1108